(Hrsg.) ROLAND LÖWISCH

DER GROSSE PORSCHE EXPERTENTEST

Impressum

HEEL Verlag GmbH
Gut Pottscheidt
53639 Königswinter
Telefon 0 22 23 / 92 30-0
Telefax 0 22 23 / 92 30 26
E-Mail: info@heel-verlag.de
Internet: www.heel-verlag.de

Herausgeber: Roland Löwisch
Lektorat: Jürgen Schlegelmilch

Satz und Gestaltung: F5 Mediengestaltung, Ralf Kolmsee, Bonn

Titelbild: © Porsche AG

Bildnachweis: Adobe Stock (S. 4, 6, 28, 40, 45, 51, 52, 53, 77, 91, 97, 98); HEEL Archiv (S. 9, 58); Porsche AG (S. 8, 10, 14-27, 29-39, 41-44, 46-50, 54-57, 59-90, 92-96, 99-101); Dieter Rebmann (S. 15); Jürgen Schlegelmilch (S. 6, 7)

Printed in Czech Republic

ISBN: 978-3-96664-369-6

(Hrsg.) ROLAND LÖWISCH

DER GROSSE PORSCHE EXPERTENTEST

HEEL

Turbolader
DUNLOP
BOSCH
BILSTEIN
SCHMITTHELM
TELETRON
DUNLOP
MICHELIN

Vorwort

Porsche – Dieser legendäre Name ist seit über 80 Jahren ein Synonym für innovativen Sportwagen- und Rennwagenbau. Er steht für Leidenschaft, Motorsport und einzigartige Ingenieurleistungen. Die Zahl der vermeintlichen Spezialisten in Sachen Porsche-Geschichte und -Modellhistorie ist groß. Aber wer ist wirklich der Experte unter den Autokennern und hat auch dann noch die richtige Antwort parat, wenn es um Detailwissen rund um 911 & Co. geht?

Dieser Expertentest reizt und fordert das Wissen aller Porsche-Fans und derer, die es vorgeben zu sein. Insgesamt 100 unterschiedlich schwierige Fragen widmen sich den Bereichen Modelle, Technik, Unternehmen und Rennsport. Hier kann jeder sein Wissen unter Beweis stellen. Ausführliche Antworten am Ende des Buchs liefern wertvolle Hintergrundinformationen und vor allem spannende Details aus der facettenreichen Welt des Zuffenhausener Sportwagenherstellers.

Die Redaktion hat versucht, eine möglichst gelungene Mischung an Fragen zusammenzustellen. Sollten Sie dennoch etwas vermissen oder haben Anregungen für weiteres Insiderwissen, das jeder kennen sollte der sich Experte nennt, dann schreiben Sie einfach an info@heel-verlag.de – wir sind stets auf der Suche nach Wissenslücken, die neugierig machen auf die spannenden und teilweise auch überraschenden Antworten. Jetzt aber wünschen wir erst einmal allen Generationen von Sportwagen-Begeisterten viel Spaß bei dieser Ausgabe des Porsche-Expertentests.

01 Wie viele Schlepper wurden unter dem Namen Porsche produziert?

A 50.000

B 90.000

C 120.000

D 150.000

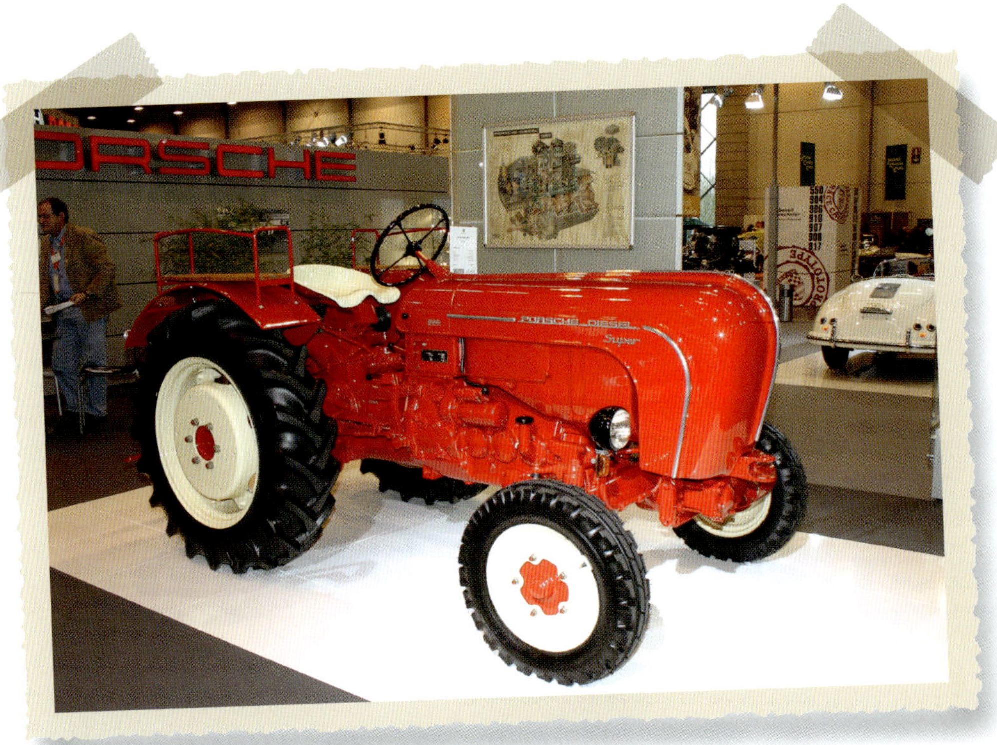

Von wem übernahm Porsche 1956 die Traktor- und Motorenfertigung?

02

- **A** MAN
- **B** Lanz
- **C** Eicher
- **D** Allgaier

03 Auf der Plattform des Porsche Cayenne gibt es ein ähnliches Modell eines anderen Herstellers, das zur gleichen Zeit vorgestellt wurde.
Wie heißt dieses Modell?

- **A** BMW X5
- **B** VW Touran
- **C** VW Touareg
- **D** Mercedes M-Klasse

PORSCHE

Welches Pkw-Modell von Porsche hatte als erstes in der Firmengeschichte einen serienmäßigen Dieselmotor im Angebot?

04

- **A** 928
- **B** 924
- **C** Cayenne
- **D** Cayman

05 Wofür steht die Abkürzung PCCB?

- **A** Porsche Ceramic Composite Brake
- **B** Porsche Concept Car Bivalent
- **C** Power Chip Center Board
- **D** Power Cam Control Box

06 Wofür steht die 1988 erstmals verwendete Abkürzung PDAS?

- **A** Permanentes Datenaustausch-system
- **B** Porsche Dynamische Allrad-steuerung
- **C** Porsche Dynamische Anti Schlupfregelung
- **D** Permanente Digitale Antriebs-steuerung

07

Wie viele Porsche 914 mit Achtzylindermotor ab Werk gibt es?

A Einen

B Zwei

C Dreihundert

D Fünftausend

08 Für welche Firma war der Porsche 924 ursprünglich entwickelt worden?

- **A** Audi
- **B** BMW
- **C** Seat
- **D** Volkswagen

Über wie viel Hubraum und Leistung verfügt der Porsche 911 Turbo des Modelljahrs 2009?

09

- **A** 3,6 Liter und 480 PS (353 kW)
- **B** 3,8 Liter und 420 PS (309 kW)
- **C** 3,4 Liter und 385 PS (283 kW)
- **D** 3,5 Liter und 435 PS (320 kW)

Über welche Motorleistung verfügte das Urmodell des Porsche 911?

10

- **A** 66 kW (90 PS)
- **B** 85 kW (115 PS)
- **C** 96 kW (130 PS)
- **D** 110 kW (150 PS)

11 Welche Anordnung weisen die Zylinder des Porsche 911-Motors auf?

A Reihe

B V-Form

C Mischung aus V- und Reihenmotor (VR)

D Boxer

Wie viele Rundinstrumente zierten das erste 911er Cockpit?

12

- **A** 2
- **B** 3
- **C** 5
- **D** 8

13

Was unterschied den nur in geringer Stückzahl gebauten Rennwagen 911 R des Jahres 1967 vom Serien-911er?

- **A** Spoilerpaket
- **B** Geringeres Leergewicht
- **C** Versuchsmodell mit Dieselmotor
- **D** Stärkerer Achtzylindermotor

14

In welcher Stückzahl lief das limitierte Sondermodell des Porsche Carrera RS 3.0 im Jahr 1974 vom Band?

- **A** 109
- **B** 111
- **C** 222
- **D** 125

Wie schnell fuhr der erste Porsche 911 turbo?

15

- **A** 205 km/h
- **B** 220 km/h
- **C** 250 km/h
- **D** 280 km/h

16 Von welchem Zulieferer stammte der Turbolader im ersten Porsche 911 turbo?

A BorgWarner

B Pierburg

C KKK

D Komatsu

Wie lange wurden die Baureihen 993 und 996 parallel produziert?

17

- **A** Überhaupt nicht
- **B** Zwei Monate
- **C** Vier Monate
- **D** Sieben Monate

PORSCHE

18 Wann lief der letzte luftgekühlte Porsche 911 vom Band?

- **A** 29. Mai 1996
- **B** 10. September 1997
- **C** 22. November 1997
- **D** 31. März 1998

Wie lange wurde die 911er G-Serie gebaut?

19

- **A** 1 Jahr (1973 - 1974)
- **B** 12 Jahre (1973 - 1985)
- **C** 16 Jahre (1973 - 1989)
- **D** 20 Jahre (1973 - 1993)

Wann lief der letzte Porsche 912 vom Band?

20

- **A** 1969
- **B** 1972
- **C** 1976
- **D** 1980

21 Mit welchem Slogan wurde der erste Porsche 911 Targa beworben?

A „Die neue Offenheit“

B „Das erste Sicherheitscabriolet der Welt“

C „Nehmen Sie sich ein Stück Himmel“

D „Wenn sogar Luft sportlich wird“

Was wird im Porsche 928 automatisch mit verstellt, wenn die Position der Lenksäule verändert wird?

22

- **A** Fahrersitz
- **B** Sicherheitsgurt
- **C** Spiegel
- **D** Instrumententräger

23 Wie hieß die letzte Modellversion des Porsche 928, die 1995 vom Band lief?

- **A** 928 GTS
- **B** 928 S4
- **C** 928 S
- **D** 928 GT

Wie viele Porsche 968 liefen vom Band?

A 5568

B 6254

C 9923

D 11.245

25 Wie wurde die Nockenwelle im Porsche 928 angetrieben?

- **A** Duplex-Kette
- **B** Stirnräder
- **C** Zahnriemen
- **D** Einfache Kette

Welcher Listenpreis wurde für den Porsche 959 bei seiner Vorstellung genannt?

26

- **A** 380.000 DM
- **B** 400.000 DM
- **C** 420.000 DM
- **D** 470.000 DM

27 Wie hoch ist die Literleistung (PS je Liter Hubraum) des Porsche 959?

A 157

B 158

C 162

D 166

Welche Porsche-Studie sorgte auf der IAA 1973 für zahlreiche Diskussionen?

28

- **A** Elektro-911 (911 ET)
- **B** Langzeitauto (FLA)
- **C** Limousine mit Zwölfzylindermotor
- **D** Porschestudie mit Frontantrieb (FW-CC)

Was führte Porsche 1976 als Rostschutzmaßnahme ein?

29

- **A** Hohlraumversiegelung
- **B** Nirostablech
- **C** Zwei-Schicht-Lackierung
- **D** Verzinkung

30 In welchem Jahr wurde das Porsche 944 Cabrio erstmals der Öffentlichkeit präsentiert?

- **A** 1985
- **B** 1986
- **C** 1988
- **D** 1991

Welches war das erste Porsche Modell mit Transaxle-Anordnung?

31

- **A** 914
- **B** 924
- **C** 928
- **D** 968

32 Wo wurde der Boxster erstmals als Studie der Weltöffentlichkeit präsentiert?

- **A** Genf
- **B** Frankfurt
- **C** Tokio
- **D** Detroit

Welcher Porsche hatte als erstes Modell in der Firmengeschichte eine Servolenkung zu bieten?

33

- **A** 914
- **B** 924
- **C** 928
- **D** 911

34 Wie hieß der Geländewagen, den Porsche Mitte der 1950er Jahre für die Bundeswehr entwickelte?

- **A** 357
- **B** 903
- **C** 355
- **D** 597

35 Welchen Gewichtsvorteil hat der 718 Cayman gegenüber dem 718 Boxster?

- **A** Keinen
- **B** Fünf Kilogramm
- **C** 50 Kilogramm
- **D** 75 Kilogramm

Anlässlich welches Jubiläums wurde der erste Porsche 911 mit Allradantrieb vorgestellt?

36

- **A** 40 Jahre Porsche
- **B** 250.000ster Porsche
- **C** 25 Jahre Porsche 911
- **D** Ferry Porsches 75ster Geburtstag

PORSCHE

37

Welche maximale Leistung bietet die kleinste V8-Motorisierung des Panamera (1. Generation 2009-2016) und bei welcher Nenndrehzahl steht sie dem Fahrer zur Verfügung?

- **A** 385 PS bei 5800/min
- **B** 321 PS bei 6000/min
- **C** 400 PS bei 6500/min
- **D** 444 PS bei 7200/min

Wer baute den ersten viertürigen Porsche?

38

- **A** Porsche selbst
- **B** Troutman-Barnes
- **C** Pininfarina
- **D** Alois Ruf

Mit wie viel Liter Hubraum musste die Ur-Version des 356 auskommen?

39

- **A** 1,0
- **B** 1,1
- **C** 1,3
- **D** 1,6

40 Wie hieß der meistverkaufte Schlepper im Porsche-Programm?

- **A** Junior
- **B** Master
- **C** Super
- **D** Standard

In wie vielen Farben war der 356 des Modelljahres 1952 zu haben?

41

A 3

B 4

C 8

D 12

42 Warum verschwand das 356er-Sondermodell „Continental" nach nur einem Jahr wieder vom Markt?

A Protest von Reifenhersteller Continental

B Chromschriftzug gefiel Ferry nicht

C Vergoldeter Schriftzug zu teuer

D Protest von Ford

Wie lautete der Arbeitsname des vollelektrischen und viertürigen Porsche-Sportwagens, bevor er 2019 als „Taycan" auf den Markt kam?

43

- **A** Inside E
- **B** Volter E
- **C** Mission E
- **D** Future E

44

Um wie viele Sekunden schneller umrundete das neue Top-Modell 718 Cayman GT4 RS im Oktober 2021 die Nordschleife im Vergleich zum bisherigen Top-Modell 718 Cayman GT4?

- **A** 7,18 Sekunden
- **B** 11,5 Sekunden
- **C** 17,8 Sekunden
- **D** 23,6 Sekunden

Seit 2017 ist der Porsche Panamera in einer weiteren Karosserieform zu haben. Welchen Namenszusatz enhalten die Modelle?

45

- **A** Sport Tourismo
- **B** Sport Turismo
- **C** Sport Torismo
- **D** Sport Torismu

46 Die vierte Generation des Boxster von 2015 bekam die Ziffernfolge „718" vor den Modellnamen gesetzt. Warum?

- **A** Weil der Boxster auf 7180 Stück limitiert war.
- **B** Weil der Einstiegspreis 71.800 Euro betrug.
- **C** Weil die Porsche-Sportwagen sich durch Zahlen vor dem Modellnamen von den Porsche-SUV und -Limousinen unterscheiden sollten.
- **D** Weil die Nummer schon lange zur Verwendung frei war.

Wann baute Porsche das erste Hybrid-Fahrzeug? **47**

- **A** 1900
- **B** 1989
- **C** 2010
- **D** 2021

PORSCHE

48 Der Porsche 911 GT3 Typ 992 ist zu seiner Zeit mit 510 PS der stärkste Serien-Elfer mit Saugmotor. Welche Rundenzeit schafft er auf der 20,8 Kilometer langen Messstrecke der Nordschleife?

- **A** 6:59,927 Minuten
- **B** 7:02,854 Minuten
- **C** 7:06,222 Minuten
- **D** 7:11, 910 Minuten

Ist der Zylinderabstand bei jedem Porsche-Boxermotor, egal in welchem aktuellen Modell (2021) er eingebaut ist, absolut gleich?

49

A Nein – die meisten Porsche Boxermotoren weisen unterschiedliche Zylinderabstände auf

B Nein – nur jeweils innerhalb der 718-Motorenfamilie und der 911-Motorenfamilie

C Nein – nur jeweils bei den Motoren von zwei bis drei Litern Hubraum und drei bis vier Litern Hubraum

D Ja

50 Welches Modell schafft als erstes aus der vollelektrischen Taycan-Baureihe 500 Kilometer Reichweite nach WLTP?

- **A** Taycan
- **B** Taycan GTS
- **C** Taycan Turbo
- **D** Taycan Turbo S

01 Mit welchem Modell beendete Porsche sein Formel-1-Engagement Anfang der 1960er Jahre?

A 718

C 806

B 804

D 787

Wann gelang Porsche der erste Sieg in der Formel 1?

02

- **A** 1962
- **B** 1963
- **C** 1983
- **D** 1984

03 An welchem Berg fiel 1968 die Zielflagge für die Europa-Bergmeisterschaft?

- **A** Flüelapass
- **B** Bielerhöhe
- **C** Mont Ventoux
- **D** Hahntennjoch

04 In welcher Rennserie gelangen Porsche in der Saison 1970 neun von zehn möglichen Rennsiegen?

A Le Mans GT

B Formel 1

C DTM

D Markenweltmeisterschaft

Mit welchen beiden Motorvarianten gab es den Porsche 910?

05

A Vier- und Sechszylinder

B Sechs- und Achtzylinder

C Vier- und Achtzylinder

D Sechs- und Zwölfzylinder

06 Mit welchem Prototyp gelang Porsche der Sieg in der LMP 2 Klasse der American Le Mans Series 2006?

- **A** 998
- **B** Cayman
- **C** Panamera
- **D** RS Spyder

Wie oft holte ein Team mit Porsche-Motoren in der Formel 1 den Konstrukteurstitel?

07

- **A** 0
- **B** 2
- **C** 3
- **D** 5

08 Mit welchem Modell gelang Porsche der erste Gesamtsieg beim 24-Stunden-Rennen in Daytona?

A 906

B 907

C 908

D 909

Warum tragen einige Porsche-Modelle den Beinamen „Carrera“?

09

- **A** Name eines Rennfahrers
- **B** Name eines Konstrukteurs
- **C** Amerikanisches Rennen
- **D** Stadt in Italien

10 Seit wann gibt es den Porsche Supercup?

A 1993

B 1994

C 2001

D 2002

Wo gewann Porsche erstmals ein Rennen?

11

- **A** Innsbruck
- **B** Nürburgring
- **C** Monaco
- **D** Avus in Berlin

12 Welchem ehemaligen Formel-1-Fahrer gelang der erste Sieg für Porsche in der US-CART-Serie?

- **A** Nicki Lauda
- **B** Alain Prost
- **C** Nelson Piquet
- **D** Teo Fabi

Wann ging zum ersten Mal ein Porsche in Le Mans an den Start?

13

- **A** 1949
- **B** 1951
- **C** 1976
- **D** 1982

14 Mit welcher Rennwagenklasse war Porsche drei Mal hintereinander beim 1000-Kilometer-Rennen in Spa siegreich?

- **A** Gruppe 6
- **B** Supertourismo
- **C** Gruppe C
- **D** Superproduktionssportwagen

Wo ging Porsche das erste Mal überhaupt bei einem Formel-2-Rennen an den Start?

15

- **A** Nürburgring
- **B** Silverstone
- **C** Monza
- **D** Spa

16 Welches Fahrer-Duo gewann 1956 in einem Porsche 550 die Targa Florio?

- **A** Wolfgang Graf Berghe von Trips / Hans Stuck
- **B** Edgar Barth / Herbert Kaes
- **C** Peter Collins / Stirling Moss
- **D** Umberto Maglioli / Huschke von Hanstein

Welchen Spitznamen verpassten Porsche-Ingenieure dem Rennwagen 935/78?

17

- **A** Weißer Hai
- **B** Fliegender Schwabe
- **C** Siegerbaby
- **D** Moby Dick

18 Wer gewann 1979 die Deutsche Rennsportmeisterschaft in einem Porsche 935 K3?

- **A** Hans-Joachim Stuck
- **B** Manfred Winkelhock
- **C** Klaus Ludwig
- **D** Walter Röhrl

KREMER
BILSTEIN

19 Mit welchem Modell gelang 1970 der erste Gesamtsieg beim 24-Stunden-Rennen von Le Mans?

- **A** 917 K
- **B** 917 Le Mans Special
- **C** 917 L
- **D** 917 Gruppe 6 SC 1

Auf welchen Komfort musste der Fahrer eines Porsche 904 verzichten?

20

- **A** Einstellbare Sitze
- **B** Drehzahlmesser
- **C** Einstellbarer Außenspiegel
- **D** Einstellbarer Innenspiegel

Wo gab der Porsche 914/6 GT sein internationales Renndebüt?

21

- **A** Le Mans
- **B** Rallye Monte Carlo
- **C** Targa Florio
- **D** Nürburgring

22 Mit welchem Modell gewann Porsche 1968 das erste Mal die Rallye Monte Carlo?

A 911 T

B 911 S

C 912 E

D 910

Welchen Platz belegte Porsche bei der Teamwertung nach seiner zweiten Formel-E-Saison 2020/2021?

23

- **A** 1. Platz
- **B** 3. Platz
- **C** 5. Platz
- **D** 8. Platz

24 Auf wie viele Exemplare ist der 700 PS starke 911 GT2 RS Clubsport (Typ 991/2) von 2019 limitiert?

- **A** 111
- **B** 200
- **C** 700
- **D** 911

01 Für welchen Markt war die Konzeptstudie C88 vorgesehen?

- **A** Thailand
- **B** China
- **C** Russland
- **D** Dubai

Welches Jubiläum konnte man bei Porsche im Juli 1996 feiern?

02

- **A** 50 Jahre Porsche
- **B** 80ster Geburtstag von Ferry Porsche
- **C** 30 Jahre Porsche 911
- **D** 1.000.000ster Porsche

03 Wie alt wurde Ferry Porsche?

A 75

B 78

C 84

D 88

04 Wo starb Ferdinand Porsche?

A Wien

B Zell am See

C Stuttgart

D Salzburg

Wie hieß der Vorgänger von Wendelin Wiedeking, der nach nur zwei Jahren im Amt seinen Posten wieder räumen musste?

05

- **A** Ferdinand Piëch
- **B** Arno Bohn
- **C** Bernd Pischetsrieder
- **D** Jürgen Schrempp

Ab welchem Zeitpunkt übernahm Wendelin Wiedeking das Amt des Vorstandsvorsitzenden von Porsche?

06

- **A** 1989
- **B** 1992
- **C** 1993
- **D** 1999

07 Wann wurde die Dr. Ing. h.c. F. Porsche GmbH gegründet?

A 25. April 1931

B 7. März 1932

C 24. Juli 1948

D 4. August 1949

Dr.ing.h.c.F.Porsche
K.-G.
Volkswagenwerk
Zweigstelle

08 In welchem Modelljahr tauchte das Porsche-Wappen erstmals auf?

A 1933

B 1942

C 1949

D 1953

Wie hieß die einzige Tochter von Ferdinand Porsche?

09

- A Elisabeth
- B Margarete
- C Chantal
- D Louise

Wann wurde Ferdinand Porsche geboren?

10

- A 3. Juli 1879
- B 3. Oktober 1871
- C 3. September 1875
- D 3. Mai 1877

11 Wo hat das Entwicklungszentrum von Porsche, das 1971 bezogen wurde, seinen Sitz?

- **A** Stuttgart
- **B** Weissach
- **C** Gmünd
- **D** Wolfsburg

Wann wurde Ferdinand „Ferry" Anton Ernst Porsche geboren?

12

- **A** 19. September 1909
- **B** 20. April 1905
- **C** 15. Januar 1907
- **D** 23. Oktober 1910

13 Wann wurde das derzeitige Porsche Museum in Stuttgart eröffnet?

A 1950

B 1963

C 1991

D 2009

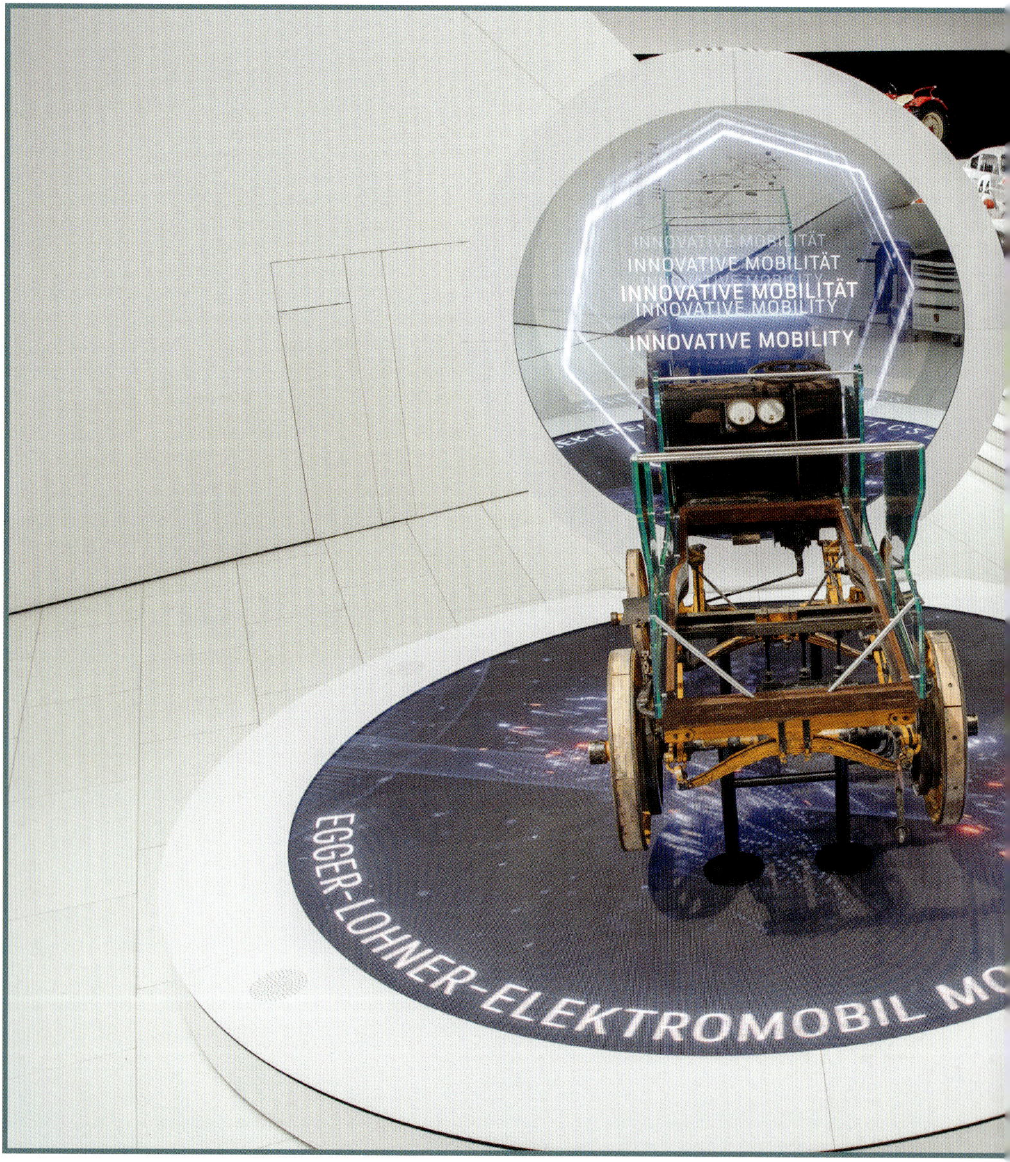

PORSCHE

14 Welchen Service hat Porsche für den Standort Zuffenhausen im Oktober 2021 neu eingerichtet?

- **A** Kundentaxi
- **B** Museums-Shuttle
- **C** Werksfeuerwehr
- **D** Pendelbus Werk 1/Werk 2

Wo wurden die ersten Porsche-Autos hergestellt?

15

- **A** Stuttgart
- **B** Gmünd
- **C** Salzburg
- **D** München

16 Wo fand die Weltpremiere des Porsche GT im Jahr 2000 statt?

A Im Adlon in Berlin

B Vor der Piazza Venezia in Rom

C Im Louvre in Paris

D Autosalon in Genf

In welchem Jahr wurde aus der Porsche Kommanditgesellschaft (KG) eine Aktiengesellschaft?

17

- **A** 1952
- **B** 1963
- **C** 1964
- **D** 1972

18 Warum rüstete Porsche 1984 einen VW-Bus T3 mit einem 911er-Motor aus?

A Spezialanfertigung für die Autobahnpolizei

B Begleitfahrzeug für Testfahrten

C Anfrage von Scheich Mohammed Mahdi Al Tajir

D Hochzeit von Ferry Porsches Sohn Wolfgang

Mit welchem Motorradhersteller kooperiert Porsche seit den 1990er Jahren?

19

- **A** Kawasaki
- **B** Honda
- **C** Ducati
- **D** Harley-Davidson

20 Im November 2021 verkündete Porsche den Bau des weltweit zehnten Porsche Experience Centers. Wo wird es errichtet?

A Glasgow

B Kinshasa

C Toronto

D Kapstadt

PORSCHE

21 In wie vielen Sprachen erschien der erste Porsche Prospekt?

- **A** 2
- **B** 3
- **C** 5
- **D** 8

22 Welcher berühmte Schauspieler kam in einem Porsche 550 ums Leben?

- **A** Rock Hudson
- **B** James Dean
- **C** Cary Grant
- **D** Humphrey Bogart

Wie viel Liter e-Fuels soll die erste integrierte kommerzielle Anlage von Porsche und Siemens Energy im chilenischen Punta Arenas bei vollem Betrieb im Jahr 2026 erzeugen?

23

- **A** 130.000 Liter
- **B** 3 Millionen Liter
- **C** 58,5 Millionen Liter
- **D** 550 Millionen Liter

24 Wo hat die Porsche Digital GmbH ihren Hauptsitz?

A Ludwigsburg

B Stuttgart

C Leipzig

D Zell am See

Für welchen Hersteller übernahm Porsche Ende der 1980er Jahre die Entwicklung und Montage einer Sportlimousine?

25

- **A** Audi
- **B** Maserati
- **C** Mercedes
- **D** BMW

26 Bei welchem Elektroautobauer hat Porsche im Jahre 2021 seine Anteile auf 24 Prozent erhöht?

A Rimac

B Pininfarina

C Aiways

D Geely

MODELLE

01

Wie viele Schlepper wurden unter dem Namen Porsche produziert?

RICHTIGE ANTWORT: **C**

Bis 1963 wurden 120.000 Schlepper unter dem Namen Porsche verkauft. Nachdem Anfang der 1960er Jahre die Verkaufszahlen stark zurückgingen, übernahm Porsche noch im Herbst 1962 die Traktorsparte von MAN, stellte die Produktion dann aber 1963 endgültig ein. Das Werk in Friedrichshafen wurde an Mercedes-Benz verkauft, die Versorgung mit Ersatzteilen übernahm Renault.

02

Von wem übernahm Porsche 1956 die Traktor- und Motorenfertigung?

RICHTIGE ANTWORT: **D**

Am 1. Januar 1956 übernahm die neu gegründete Porsche Diesel Motorenbau GmbH die Allgaier Schlepperfertigung. Die erste Modelländerung nach der Übernahme war der AP18, dessen luftgekühlter Zweizylindermotor 18 PS (13 kW) lieferte. Der recht preiswert angebotene Schlepper AP18 entwickelte sich bis zum Produktionsende 1957 zu einem großen Erfolg.

03

Auf der Plattform des Porsche Cayenne gibt es ein ähnliches Modell eines anderen Herstellers, das zur gleichen Zeit vorgestellt wurde. Wie heißt dieses Modell?

RICHTIGE ANTWORT: **C**

Der Porsche Cayenne teilt sich die Plattform mit dem Volkswagen Touareg und dem 2005 präsentierten Audi Q7. Während in Leipzig ausschließlich der Cayenne gebaut wird, läuft im tschechischen Bratislava dieses Modell zusammen mit dem Volkswagen-Pendant vom Band. Vor allem in Nordamerika wurde der sportliche Geländewagen schnell ein Erfolg.

04

Welches Pkw-Modell von Porsche hatte als erstes in der Firmengeschichte einen serienmäßigen Dieselmotor im Angebot?

RICHTIGE ANTWORT: **C**

Der Cayenne ist seit Februar 2009 mit einem Dieselmotor zu haben. Das Common-Rail-Aggregat mit drei Litern Hubraum kommt von Audi und leistet zwischen 4000 und 4400/min 240 PS (176 kW). Damit sind maximal 214 Kilometer in der Stunde möglich. Porsche gibt den Verbrauch des Sport Utility Vehicles (SUV) im Drittelmix mit unter zehn Litern an.

05

Wofür steht die Abkürzung PCCB?

RICHTIGE ANTWORT: **A**

1999 wird die Keramikbremse „Porsche Ceramic Composite Brake“ (PCCB) vorgestellt. Der Verbundfaserstoff ist wesentlich temperaturstabiler als der für normale Bremsscheiben verwendete Grauguss. Deswegen entsteht selbst beim Abbremsen aus hohen Geschwindigkeiten kein Bremsfading. Für eine Massenfertigung ist der Preis allerdings viel zu hoch.

06

Wofür steht die 1988 erstmals verwendete Abkürzung PDAS?

RICHTIGE ANTWORT: **B**

Die „Porsche Dynamische Allradsteuerung“ berücksichtigte durch zwei hydraulisch gesteuerte Sperren beim Verteilen der Antriebskraft erstmals auch Faktoren wie die Zuladung oder unterschiedliche Reifendrücke. Der Carrera 4 war auch der erste 911, der ein Anti-Blockier-System (ABS) serienmäßig hatte.

07

Wie viele Porsche 914 mit Achtzylindermotor ab Werk gibt es?

RICHTIGE ANTWORT: **B**

Lediglich zwei 914 mit Achtzylindermotoren verließen als Prototypen das Werk. Der Erste, 260 PS stark, war ein Geschenk an Ferry Porsche zu seinem 60. Geburtstag. Der Zweite, 300 PS stark, ging später an Dr. Ferdinand Piëch. Beide Prototypen unterschieden sich deutlich von den Serienmodellen. So war zum Beispiel das Dach fest eingebaut und nicht, wie bei der normalen Ausführung, abnehmbar.

08

Für welche Firma war der Porsche 924 ursprünglich entwickelt worden?

RICHTIGE ANTWORT: **D**

Der Porsche 924 ging auf einen Entwicklungsauftrag aus dem Jahr 1970 von VW zurück und war als Nachfolger des 914 gedacht. Als sich VW Anfang der 1970er Jahre von dem Projekt zurückzog, vollendete Porsche den 924 allein. Der Motor stammte aus dem Audi 100 und leistete zunächst 125 PS (92 kW). Im Auto fanden sich darüber hinaus zahlreiche Teile aus dem VW-Audi-Sortiment.

09

Über wie viel Hubraum und Leistung verfügt der Porsche 911 Turbo des Modelljahrs 2009?

RICHTIGE ANTWORT: **A**

Mit seinen 480 PS (353 kW), die bei 6000/min anliegen, beschleunigt der 911 Turbo bis auf 310 km/h. Manuell geschaltet, vergehen beim Sprint von 0 auf 100 km/h lediglich 3,9 Sekunden. Überlässt der glückliche Besitzer die Schaltvorgänge der optionalen Tiptronic S, sind es sogar nur 3,7 Sekunden. Der serienmäßige Allradantrieb und die elektronischen Sperren der Antriebsachsen sorgen für maximale Traktion.

10

Über welche Motorleistung verfügte das Urmodell des Porsche 911?

RICHTIGE ANTWORT: **C**

Aus 1991 ccm schöpfte der Zwei-Liter-Sechszylindermotor 96 kW (130 PS). Damit reichten neun Sekunden für den Standardsprint. Erst bei 210 km/h stellte der 911 jede weitere Beschleunigung ein. Mit diesen Fahrleistungen gehörte der Porsche 911 zu den Schnellen im Lande. Der Boxermotor war luftgekühlt und wurde von zwei Vergasern versorgt.

11

Welche Anordnung weisen die Zylinder des Porsche 911-Motors auf?

RICHTIGE ANTWORT: **D**

Der Porsche 911 hat seit seiner Vorstellung 1963 einen Boxermotor. Bis zur Präsentation der 996-Baureihe im Jahr 1997 war der Motor luft-, danach wassergekühlt. Als Vorteile kann diese Bauform einen gleichmäßigeren Lauf und den tieferen Schwerpunkt verbuchen. Nachteile sind vor allem die deutlich höheren Produktions- und Materialkosten.

12

Wie viele Rundinstrumente zierten das erste 911er Cockpit?

RICHTIGE ANTWORT: **C**

Fünf Rundinstrumente informieren über Geschwindigkeit, Temperatur von Öl und Wasser, Öldruck, Tankinhalt und Uhrzeit. In der Mitte dominiert ein großer Drehzahlmesser. Diese Anordnung hat, genauso wie das Zündschloss links, bis in den heutigen 911 Bestand. Zusätzlich wird seit Mitte der 1980er Jahre die Geschwindigkeit digital angezeigt.

13

Was unterschied den nur in geringer Stückzahl gebauten Rennwagen 911 R des Jahres 1967 vom Serien-911er?

RICHTIGE ANTWORT: **B**

Der 911 R war eine gewichtsoptimierte Version, die nur in Rennen eingesetzt werden sollte. Porsche hatte jeglichen Luxus aus dem Auto verbannt. Ohne Radio, Schalldämmung und andere Zusatzausstattung wog der 911 R rund 200 Kilogramm weniger als ein serienmäßiger 911 S. Dabei halfen auch dünnere Scheiben und Bleche, wobei die Hauben sogar aus Aluminium gefertigt wurden.

14

In welcher Stückzahl lief das limitierte Sondermodell des Porsche Carrera RS 3.0 im Jahr 1974 vom Band?

RICHTIGE ANTWORT: **A**

Nur 109 Exemplare wurden produziert. Der Carrera RS 3.0 war fast doppelt so teuer wie sein direkter Vorgänger mit 2,7 Litern Hubraum. Die 230 PS (169 kW) hatten mit dem Sportwagen leichtes Spiel. Nur 5,2 Sekunden für den Standardsprint und eine Höchstgeschwindigkeit von 250 km/h nötigen auch heute noch Respekt ab.

15

Wie schnell fuhr der erste Porsche 911 turbo?

RICHTIGE ANTWORT: **C**

Mit seinen 260 PS (191 kW) beschleunigte der 911 turbo bis auf 250 km/h. Nach 19,8 Sekunden fiel die 200-km/h-Marke, für einen Kilometer mit stehendendem Start brauchte das Spitzenmodell lediglich 24 Sekunden. Auf der anderen Seite stand ein enormer Spritverbrauch von teilweise über 20 Litern Super, der mitten in der Ölkrise kritisch gesehen wurde.

16

Von welchem Zulieferer stammte der Turbolader im ersten Porsche 911 turbo?

RICHTIGE ANTWORT: **C**

Der Turbolader des ersten Porsche 911 turbo kam von der pfälzischen Firma „Kühnle, Kopp & Kausch" (KKK). Mit einem Ladedruck von maximal 0,8 bar mobilisierte der 3,0-Liter-Sechszylinder 260 PS (191 kW) bei 5500/min. Für die Kraftübertragung musste ein neues Viergang-Getriebe konstruiert werden, da die bisherigen Getriebe dem gewaltigen Drehmoment nicht gewachsen waren.

17

Wie lange wurden die Baureihen 993 und 996 parallel produziert?

RICHTIGE ANTWORT: **D**

Der Porsche 993 lief als letztes luftgekühltes Modell sieben Monate parallel zur völlig neuen Baureihe 996 vom Band. Das Design der neuen Generation wurde nicht von allen Fans begrüßt, doch die Absatzzahlen gaben Porsche recht. Der 996 wurde ein riesiger Erfolg und bescherte Porsche volle Auftragsbücher.

18

Wann lief der letzte luftgekühlte Porsche 911 vom Band?

RICHTIGE ANTWORT: **D**

Am 31. März 1998 lief der letzte luftgekühlte Porsche vom Band. Der mexico-blaue Carrera 4S wurde lange vor seiner Produktion per Handschlag von Wendelin Wiedeking persönlich an den amerikanischen Schauspieler Jerry Seinfeld verkauft. Seinfeld, der eine der größten privaten Porsche-Sammlungen besitzt, schwor, den Wagen nie zu verkaufen.

19

Wie lange wurde die 911er G-Serie gebaut?

RICHTIGE ANTWORT: **A**

Offiziell bezeichnet Porsche jedes Modelljahr mit einem Buchstaben: Die G-Serie wurde nur von 1974 bis zum H-Programm 1975 gebaut. Im Modelljahr 1976 kam die J-Serie, 1977 folgte die K-Serie usw. Zum Modelljahr 1980 erfolgte mit dem A-Programm die Einführung einer neuen Nomenklatur. Inoffiziell etablierte sich die Bezeichnung „G-Modell" als Abgrenzung zum Ur-911er.

20

Wann lief der letzte Porsche 912 vom Band?

RICHTIGE ANTWORT: **C**

Für den amerikanischen Markt gab es von 1975 bis 1976 eine erneute Auflage des Porsche 912. Der Nachfolger 924 musste noch an die verschärften Abgasgrenzwerte in den USA angepasst werden und der 914 wurde auf dem amerikanischen Markt nicht mehr angeboten. In Deutschland war der 912 durch den VW-Porsche 914 schon 1969 abgelöst worden.

21

Mit welchem Slogan wurde der erste Porsche 911 Targa beworben?

RICHTIGE ANTWORT: **B**

Auf der IAA 1965 wurde der Targa erstmals vorgestellt und ab 1966 ausgeliefert. Porsche warb mit dem Slogan „Das erste Sicherheitscabriolet der Welt" für ein Auto, das vor allem Cabrioletfahrer glücklich machen sollte. Der Sicherheitsbügel fand nicht überall den erhofften Anklang, doch auf ein Cabrio ohne Bügel mussten die Kunden noch bis zur IAA 1981 warten.

22

Was wird im Porsche 928 automatisch mit verstellt, wenn die Position der Lenksäule verändert wird?

RICHTIGE ANTWORT: **D**

Bei der Verstellung der Lenksäule schwang der Instrumententräger mit. Die Porsche Ingenieure wollten eine gute Sicht auf die Instrumente unabhängig von der Stellung des Lenkrads erreichen. Dies war nur eines von vielen Highlights, die 1978 dem Porsche 928, als erstem Sportwagen überhaupt, zum Titel „Auto des Jahres" verhalfen.

23

Wie hieß die letzte Modellversion des Porsche 928, die 1995 vom Band lief?

RICHTIGE ANTWORT: **A**

1992 vorgestellt, war der 928 GTS die letzte verbliebene Modellvariante. Sein 5,4-Liter-Achtzylinder leistete 350 PS (257 kW) bei 5700/min und ermöglichte bis zu 275 km/h. Der Kunde hatte die Wahl zwischen einer Viergang-Automatik oder einem manuellen Fünfgang-Getriebe. Nach 18 Jahren Produktion und insgesamt 61.056 Exemplaren endete 1995 die Baureihe 928.

24

Wie viele Porsche 968 liefen vom Band?

RICHTIGE ANTWORT: **D**

Zwischen 1991 und 1995 verließen insgesamt 11.245 Porsche 968 das Werk. Der Nachfolger des 944 wurde wieder als Coupé und als Cabrio angeboten. Mit einer Leistung zwischen 240 und 305 PS war er der seinerzeit stärkste Serien-Vierzylinder der Welt.

25

Wie wurde die Nockenwelle im Porsche 928 angetrieben?

RICHTIGE ANTWORT: **C**

Erstmals bei Porsche übernahm den Antrieb der Nockenwellen ein Zahnriemen. Der von der Firma Pirelli gelieferte Riemen trieb auch die Öl- und Wasserpumpe an und war mit 210 cm ungewöhnlich lang. Die Glasfaserverstärkung und eine zusätzliche Belüftung des Riemengehäuses verlängerten die Wechselintervalle.

26

Welcher Listenpreis wurde für den Porsche 959 bei seiner Vorstellung genannt?

RICHTIGE ANTWORT: C

Der offizielle Listenpreis des Porsche 959 wurde mit 420.000 D-Mark angegeben. Tatsächlich in den Handel kam das Spitzenmodell allerdings nie. Sämtliche Exemplare waren schon vor der Markteinführung vergriffen. Der Technologieträger wurde mit allem ausgestattet, was gut und teuer war: Vierventil-Technik, Allradantrieb, Doppelturbo-Aufladung.

27

Wie hoch ist die Literleistung (PS je Liter Hubraum) des Porsche 959?

RICHTIGE ANTWORT: B

Der Sechszylinder-Boxermotor schöpfte aus 2,85 Litern Hubraum 450 PS (331 kW) bei 6500/min. Das entspricht einer Literleistung von 158 PS, was auch nach heutigen Maßstäben ein stolzer Wert ist. Möglich wurde diese Leistungsausbeute durch zwei Turbolader, die bis zu 2 bar Ladedruck lieferten.

28

Welche Porsche-Studie sorgte auf der IAA 1973 für zahlreiche Diskussionen?

RICHTIGE ANTWORT: B

Das „Forschungsprojekt Langzeitauto" (FLA) sorgte für eine Menge Gesprächsstoff. Die Studie war auf eine Lebenszeit von mindestens 20 Jahren bzw. 300.000 Kilometer ausgelegt. Porsche kalkulierte dafür rund 30 Prozent höhere Kosten ein, errechnete allerdings auch über 50 Prozent Rohstoffeinsparungen. Details des FLA wie der Flankenschutz gingen bald darauf in Serie.

29

Was führte Porsche 1976 als Rostschutzmaßnahme ein?

RICHTIGE ANTWORT: D

Als erster Hersteller überhaupt führte Porsche die Verzinkung der Karosserie ein. Versuchsmodelle liefen seit Ende der 1960er Jahre überaus erfolgreich. Porsche prognostizierte eine Lebenserwartung von 20 Jahren. Damit konnte Porsche als einer der ersten Hersteller eine siebenjährige Garantie gegen Durchrostung anbieten.

30

In welchem Jahr wurde das Porsche 944 Cabrio erstmals der Öffentlichkeit präsentiert?

RICHTIGE ANTWORT: A

Auf der IAA 1985 wurde das Porsche 944 Cabrio vorgestellt. Die ersten Fahrzeuge wurden allerdings erst im Juni 1989 an die Kunden ausgeliefert. Ab 1990 gehörte das elektrische Verdeck zur Serienausstattung. Den Abschluss der Baureihe bildeten 528 Porsche 944 Turbo Cabrios, die sogar eine Klimaanlage ohne Aufpreis zu bieten hatten.

31

Welches war das erste Porsche Modell mit Transaxle-Anordnung?

RICHTIGE ANTWORT: B

Der 1976 vorgestellte 924 war der erste Porsche, der den Motor vorn, dass Getriebe jedoch hinten hatte. Porsche versprach sich davon nicht nur eine bessere Gewichtsverteilung, sondern auch Vorteile bei Sicherheit und Straßenlage. Das letzte Modell mit Transaxle, der Porsche 928 GTS, lief 1995 vom Band.

32

Wo wurde der Boxster erstmals als Studie der Weltöffentlichkeit präsentiert?

RICHTIGE ANTWORT: D

Auf der Detroit Auto Show 1993 präsentierte Porsche die Studie eines völlig neugezeichneten Roadsters. Der Sportwagen wurde begeistert aufgenommen und ging 1996 in Produktion. Das Design der Studie wurde für die Serie nur noch minimal überarbeitet. Den Antrieb übernahm ein 2,5-Liter-Sechszylinder-Boxermotor, der 204 PS (150 kW) leistete.

33

Welcher Porsche hatte als erstes Modell in der Firmengeschichte eine Servolenkung zu bieten?

RICHTIGE ANTWORT: **C**

Der ursprünglich als 911 Ersatz gedachte 928 war das erste Modell von Porsche mit Servolenkung. Der moderne 928 mit kultiviertem Achtzylinder konnte dank seiner komfortbetonten Auslegung viele Neukunden für Porsche begeistern und galt 1977 als einer der besten Sportwagen überhaupt. Den in sportlicher Hinsicht kompromissloseren 911 konnte er aber nicht ersetzen.

34

Wie hieß der Geländewagen, den Porsche Mitte der 1950er Jahre für die Bundeswehr entwickelte?

RICHTIGE ANTWORT: **D**

Der Typ 597 wurde auf dem Genfer Salon 1955 vorgestellt. Der als Jagdwagen bekannt gewordene Geländewagen sollte auch auf dem zivilen Markt angeboten werden. Das Interesse des Publikums war allerdings nur mäßig. Nachdem sich auch die Bundeswehr von dem Projekt verabschiedete, ging der Typ 597 nie in Serie.

35

Welchen Gewichtsvorteil hat der 718 Cayman gegenüber dem 718 Boxster?

RICHTIGE ANTWORT: **A**

Auch wenn man es zunächst nicht vermutet: Das Leergewicht des 718 Cayman und des 718 Boxster sind nach Werksangaben identisch. Beide 1335 Kilogramm schwere (handgeschaltete) Versionen beschleunigt der 300 PS starke Vierzylinder in 5,1 Sekunden aus dem Stand auf 100 km/h, bei einer Höchstgeschwindigkeit von 275 km/h. Bei den Vorgängergenerationen 981c und 981 sah die Sache noch anders aus: Die geschlossene Ausführung brachte 55 Kilogramm mehr auf die Waage als der 1330 kg schwere Roadster.

36

Anlässlich welches Jubiläums wurde der erste Porsche 911 mit Allradantrieb vorgestellt?

RICHTIGE ANTWORT: **C**

Pünktlich zum 25sten Geburtstag des Porsche 911 wurde 1988 die Allradversion vorgestellt. Die ersten Carrera 4 wurden 1989 ausgeliefert. Das neue Modell war gutmütiger im Fahrverhalten, allerdings auch rund 50 Kilogramm schwerer als sein Pendant mit Heckantrieb. Dennoch war die gesamte Auflage des ersten Produktionsjahres kurz nach der Vorstellung ausverkauft.

37

Welche maximale Leistung bietet die kleinste V8-Motorisierung des Panamera (1. Generation 2009-2016) und bei welcher Nenndrehzahl steht sie dem Fahrer zur Verfügung?

RICHTIGE ANTWORT: **C**

Die 400 PS (294 kW) der „Einstiegs-Motorisierung" liegen bei 6500/min an. Der Sprint auf 100 km/h dauert lediglich 5,4 Sekunden. Das 150 PS stärkere Topmodell Panamera Turbo S reduziert diesen Wert auf 3,8 Sekunden. Damit zählt der Porsche Panamera zur Liga der schnellsten Viertürer weltweit.

38

Wer baute den ersten viertürigen Porsche?

RICHTIGE ANTWORT: **B**

Der texanische Porsche Händler William J. Dick beauftragte 1967 Troutman-Barnes mit dem Bau eines viertürigen 911 Prototyps. Der Entwickler verlängerte die Bodenwanne um 53 cm, behielt aber die Proportionen des Originals weitgehend bei. Porsche lobte den Entwurf, lehnte eine Serienfertigung jedoch ab. Der Prototyp wurde ein Geschenk für Mrs. Dick.

39

Mit wie viel Liter Hubraum musste die Ur-Version des 356 auskommen?

RICHTIGE ANTWORT: B

Die Porsche Konstrukteure verwendeten einen Käfer-Motor, der 1,1 Liter Hubraum besaß. Um die Leistung zu erhöhen, wurde die Verdichtung von 5,8:1 auf 7,0:1 angehoben. Das war nicht unkritisch, weil der damals zur Verfügung stehende Kraftstoff oft nicht die nötige Qualität hatte. Statt der ursprünglichen 25 PS standen nun 40 PS bei 4000/min zur Verfügung.

40

Wie hieß der meistverkaufte Schlepper im Porsche-Programm?

RICHTIGE ANTWORT: A

Der Junior war der beliebstete Porsche Traktor. Als kleinster Schlepper im Programm besaß er nur einen Zylinder. Die größeren Schlepper Standard, Super und Master hatten jeweils zwei, drei und vier Zylinder. Als Anfang der 1960er Jahre der Bedarf an noch stärkeren Schleppern stieg, brachen aber die Verkaufszahlen aller Porsche Traktorbaureihen ein.

41

In wie vielen Farben war der 356 des Modelljahres 1952 zu haben?

RICHTIGE ANTWORT: C

Der zukünftige 356-Fahrer konnte zwischen acht Farben wählen: Schwarz, Adriablau, Modegrau, Silbergrau, Radiumgrün, Pappelgrün, Elfenbein und Pascharot. Die Lacke waren alle auf Nitrozellulose-Basis. Neu in diesem Modelljahr waren auch die etwas breiteren, nun in Wagenfarbe gehaltenen Stoßstangen mit Hörnern.

42

Warum verschwand das 356er-Sondermodell „Continental" nach nur einem Jahr wieder vom Markt?

RICHTIGE ANTWORT: D

Die Namensrechte für den Begriff „Continental" lagen bei Ford. Dort wurde er zuletzt 1948 für eine luxuriöse Ausstattung genutzt. Eine gehobene Ausstattung bot auch das nur für den amerikanischen Markt gedachte Sondermodell von Porsche. So waren unter anderem ein Radio und Ledersitze im Preis enthalten. Aufgrund der Namensstreitigkeiten verzichtete Porsche nach einem Jahr auf die weitere Verwendung der Bezeichnung „Continental".

43

Wie lautete der Arbeitsname des vollelektrischen und viertürigen Porsche-Sportwagens, bevor er 2019 als „Taycan" auf den Markt kam?

RICHTIGE ANTWORT: C

Die Elektro-Konzeptstudie hieß „Mission E", weil sie nach Porsche-Aussage aus der Zukunft kam. Mit der Konzeptstudie zeigte Porsche, wie der erste rein elektrisch angetriebene Sportwagen der Markengeschichte aussehen könnte – auf Basis revolutionärer Technologie. Es sollte der Elfer unter den E-Autos werden mit den Missionen Performance, Fahrspaß, Alltagstauglichkeit und Design.

44

Um wie viele Sekunden schneller umrundete das neue Top-Modell 718 Cayman GT4 RS im Oktober 2021 die Nordschleife im Vergleich zum bisherigen Top-Modell 718 Cayman GT4?

RICHTIGE ANTWORT: **D**

Markenbotschafter und Entwicklungsfahrer Jörg Bergmeister umrundete die 20,832 Kilometer lange Nürburgring-Nordschleife mit einem leicht getarnten Serienfahrzeug in genau 7:09,300 Minuten. Die kürzere, früher als Vergleichsmaßstab dienende Variante mit 20,6 Kilometern Länge absolvierte der GT4 RS in 7:04,511 Minuten – und war damit exakt 23,6 Sekunden schneller als der kleine Bruder 718 Cayman GT4.

45

Seit 2017 ist der Porsche Panamera in einer weiteren Karosserieform zu haben. Welchen Namenszusatz enhalten die Modelle?

RICHTIGE ANTWORT: **B**

Die Sport Turismo-Modelle sind optisch besonders geprägt durch das Shooting-Break-Heck. Der Kofferraum wächst durch die geänderte Karosserieform, die Ladekante gerät um 143 Millimeter niedriger. Innen stehen nun fünf Sitzplätze zur Verfügung. Porsche bietet zunächst sechs verschiedene Versionen an mit einer Leistung von 330 bis 550 PS.

46

Die vierte Generation des Boxster von 2015 bekam die Ziffernfolge „718" vor den Modellnamen gesetzt. Warum?

RICHTIGE ANTWORT: **C**

Die weniger sportlichen Porsche-Modelle tragen klingende Namen wie Panamera, Macan und Cayenne, ohne dass eine Nummer vorgeschaltet ist. Bei den Sportwagen war das anders: Sie trugen stets Nummern, allen voran der 911. Damit auch Boxster und Cayman sofort als Sportwagen zu identifizieren sind, entschloss sich Porsche im Jahr 2015, die „718" voranzustellen. Diese Modellbezeichnung trug ein berühmter Porsche-Sportwagen bereits in den 1960er Jahren.

47

Wann baute Porsche das erste Hybrid-Fahrzeug?

RICHTIGE ANTWORT: **A**

Tatsächlich entwarf Professor Ferdinand Porsche (1875 – 1951) im Herbst des Jahres 1900 das erste funktionsfähige Hybridautomobil der Welt, den „Semper Vivus" (lat. für „immer lebendig") – und damit auch Porsches erstes Hybridauto. In diesem ersten Prototypen mit „benzin-elektrischem Mischantrieb" verwendete der findige Ingenieur eine kleinere Batterie und installierte zur Stromerzeugung in der Fahrzeugmitte zwei wassergekühlte 3,5-PS-De-Dion-Bouton-Benzinmotoren, die zwei Generatoren mit je 2,5 PS antrieben. Beide Motoren liefen getrennt von einander und lieferten jeweils 20 Ampere bei einer Spannung von 90 Volt. Mit dem von den Dynamos erzeugten Strom wurden in erster Linie die Radnabenmotoren mit Energie versorgt; der restliche Strom diente zur Ladung der Batterie.

Ein Jahr später kam die serienreife Version als Lohner-Porsche „Mixte". Übrigens: Im Jahr 2010 rollte das erste Porsche-Hybridfahrzeug der Neuzeit auf den Straßen, ein Cayenne S Hybrid mit 380 PS. 2019 brachte Porsche mit dem Taycan sein erstes vollelektrisches Serienauto auf den Markt.

48

Der Porsche 911 GT3 Typ 992 ist zu seiner Zeit mit 510 PS der stärkste Serien-Elfer mit Saugmotor. Welche Rundenzeit schafft er auf der 20,8 Kilometer langen Messstrecke der Nordschleife?

RICHTIGE ANTWORT: **A**

Am Volant der fulminanten Fahrmaschine saß Testfahrer Lars Kern. Der Vierliter-Sechszylinder-Boxermotor des Porsche 911 GT3 stammt ebenso aus dem Rennsport wie die ausgeklügelte Aerodynamik und Fahrwerkstechnik. Der neue GT3 besitzt serienmäßig das Porsche-Doppelkupplungsgetriebe, schafft den Spurt von null auf 100 km/h in 3,4 Sekunden und erzielt 318 km/h Höchstgeschwindigkeit. Bei 8400 Umdrehungen pro Minute erreicht das 1435 Kilo schwere Elfer seine Maximalleistung.

49

Ist der Zylinderabstand bei jedem Porsche-Boxermotor, egal in welchem aktuellen Modell (2021) er eingebaut ist, absolut gleich?

RICHTIGE ANTWORT: **D**

Die Boxermotoren von Porsche bestehen aus vier oder sechs Zylindern, sind Saugmotoren oder Turbos, zwischen zwei und vier Litern Hubraum groß und zwischen 250 und 650 PS stark. Was alle Mitglieder der Boxerfamilie verbindet, ist unter anderem ihr Zylinderabstand (Mitte Pleuelzapfen bis Mitte nächster Pleuelzapfen): immer 118 Millimeter. In den Zylindern laufen Kolben mit 91 oder 102 Millimeter Durchmesser auf und ab. Genauer: entweder 76,4 Millimeter auf und ab oder 81,5 – je nach Kurbelwelle. Daraus und aus der Zylinderanzahl ergeben sich fünf verschiedene Hubräume und neun Leistungsstufen in den Modellreihen 718 und 911.

50

Welches Modell schafft als erstes aus der vollelektrischen Taycan-Baureihe 500 Kilometer Reichweite nach WLTP?

RICHTIGE ANTWORT: **B**

Mit einer Reichweite von bis zu 504 Kilometern nach WLTP knackt der Taycan GTS erstmals die 500-Kilometer-Marke innerhalb der Taycan-Baureihe. GTS steht für Gran Turismo Sport. Seit dem Porsche 904 Carrera GTS von 1963 genießen diese drei Buchstaben unter Porsche-Fans einen besonderen Ruf. Porsche zeigt den Taycan GTS erstmals auf der LA Auto Show im November 2021 in Amerika, zeitgleich debütiert dort mit dem Taycan GTS Sport Turismo die nunmehr dritte Karosserieversion der ersten vollelektrischen Porsche-Modellreihe. Der Newcomer teilt sich die sportliche Silhouette inklusive der nach hinten abfallenden Dachlinie mit dem Taycan Cross Turismo.

RENNSPORT

01

Mit welchem Modell beendete Porsche sein Formel-1-Engagement Anfang der 1960er Jahre?

RICHTIGE ANTWORT: **B**

Mit dem 804, der nur die Saison 1962 bestritt, schloss Porsche mit dem Thema Formel 1 für lange Zeit ab. Die Technik hatte sich zu weit von den Serienmodellen entfernt, als dass Porsche einen Nutzen für die Entwicklung hätte ziehen können. Auch die immer höheren Kosten und die mangelnde Unterstützung von Zulieferern waren Gründe für den Ausstieg.

02

Wann gelang Porsche der erste Sieg in der Formel 1?

RICHTIGE ANTWORT: **A**

Der Amerikaner Dan Gurney siegte beim Großen Preis von Frankreich am 8. Juli 1962 in einem Porsche 804. Es blieb der einzige Erfolg der Saison, zumal sich Porsche Ende 1962 aus der Königsklasse zurückzog. In der Startaufstellung nur auf Platz drei, profitierte Gurney von zahlreichen Ausfällen von vor ihm liegenden Konkurrenten.

03

An welchem Berg fiel 1968 die Zielflagge für die Europa-Bergmeisterschaft?

RICHTIGE ANTWORT: **C**

Das Ziel lag auf dem Mont Ventoux. Gerhard Mitter wurde 1968 zum dritten Mal in Folge Europa-Bergmeister. Überlegen siegte er auf einem Porsche 910 und konnte auf eine äußerst erfolgreiche Saison zurückblicken. Mit 56 Punkten im Gesamtklassement sammelte er doppelt so viele Punkte wie der Zweitplatzierte Rolf Stommelen.

04

In welcher Rennserie gelangen Porsche in der Saison 1970 neun von zehn möglichen Rennsiegen?

RICHTIGE ANTWORT: **D**

Porsche dominierte 1970 in der Markenweltmeisterschaft. Zwei Siege fuhr der 908/03 ein, sieben weitere Erfolge gelangen dem 917 K. Hauptgegner war Ferrari, die mit einem unterlegenen 512 S antraten. Porsche konnte auch im folgenden Jahr die Markenweltmeisterschaft für sich entscheiden, wenn auch nicht so überlegen wie in dieser Rekordsaison.

05

Mit welchen beiden Motorvarianten gab es den Porsche 910?

RICHTIGE ANTWORT: **B**

Den Porsche 910 gab es mit sechs- oder achtzylindrigen Triebwerken. Der 2,0-Liter-Sechszylinder besaß 220 PS (162 kW), der mit 2,2 Litern Hubraum etwas größere Achtzylinder leistete 270 PS (198 kW). Die Motoren kamen, leicht modifiziert, vom Vorgänger 906. Für das Werk ging der 910 von 1966 bis 1968 an den Start, bei Privatteams wurde er bis 1977 eingesetzt.

06

Mit welchem Prototyp gelang Porsche der Sieg in der LMP 2 Klasse der American Le Mans Series 2006?

RICHTIGE ANTWORT: **D**

Sascha Maassen und Lucas Luhr fuhren jeweils 184 Punkte heraus. Sie konnten sieben der insgesamt zehn Läufe der American Le Mans Series für sich entscheiden. Porsche gewann damit auch souverän die Chassis- und Motorenherstellerwertung. Als Antrieb diente ein 3,4-Liter-V8-Motor mit 480 PS (353 kW).

07

Wie oft holte ein Team mit Porsche-Motoren in der Formel 1 den Konstrukteurstitel?

RICHTIGE ANTWORT: **B**

In den Jahren 1984 und 1985 wurde Porsche zusammen mit dem McLaren-Team Konstrukteursweltmeister. Dieser Titel bedeutet zwar weniger Prestige als der Fahrer-WM-Titel, ist für die Teams aber von hohem finanziellen Interesse. Nach einem speziellen Verteilungsschlüssel gibt es für jeden WM-Punkt Zuschüsse zum Beispiel für Transporte und Reisen.

08

Mit welchem Modell gelang Porsche der erste Gesamtsieg beim 24-Stunden-Rennen in Daytona?

RICHTIGE ANTWORT: **B**

Mit dem Typ 907 LH (LH für Langheck) gewann Porsche 1968 zum ersten Mal das 24-Stunden-Rennen von Daytona. Fünf Fahrer waren am Sieg Anfang Februar beteiligt. Auch die Plätze zwei und drei gingen an Porsche, während sich die favorisierten Alfa-Romeo mit Platz vier begnügen mussten.

09

Warum tragen einige Porsche-Modelle den Beinamen „Carrera"?

RICHTIGE ANTWORT: **C**

Bei der „Carrera Panamericana", einem Rennen über 3300 Kilometer auf öffentlichen Straßen in Mexiko (Mittelamerika), erzielte Porsche 1954 einen Klassensieg und landete mit den Fahrern Herrarte/Gonzalez auf einem herausragenden dritten Gesamtplatz. Vor Porsche konnten sich nur zwei Ferrari mit 4,5 Litern Hubraum platzieren. Seitdem tragen ausgesuchte Modelle diesen Beinamen.

10

Seit wann gibt es den Porsche Supercup?

RICHTIGE ANTWORT: **A**

Der Porsche Supercup wird seit 1993 veranstaltet. Die weltweit ausgetragenen Rennen finden auf Formel 1-Kursen wie dem im belgischen Spa-Francorchamps statt. Seit 2008 heißt die Rennserie Porsche Mobil 1 Supercup. Gefahren wird auf identischen, speziell für diesen Markenpokal vorbereiteten Porsche 911. Ab der Saison 2021 dient der rund 510 PS (375 kW) starke 911 GT3 Cup auf Basis der Generation 992 als neues Wettbewerbsfahrzeug für den Porsche Mobil 1 Supercup sowie die nationalen Porsche Carrera Cups in Deutschland, Frankreich, Asien und Benelux sowie erstmals auch in Nordamerika.

11

Wo gewann Porsche erstmals ein Rennen?

RICHTIGE ANTWORT: **A**

Etwas überraschend kam der erste Klassensieg für Porsche beim Innsbrucker Stadtrennen am 11. Juli 1948. Bescheidene 40 PS bei nur 585 Kilogramm Leergewicht reichten für den Erfolg aus. Herbert Kaes steuerte den Porsche 356, der mit einer eigentlich für Rennen nicht vorgesehenen Windschutzscheibe 135 km/h Spitze fuhr.

12

Welchem ehemaligen Formel-1-Fahrer gelang der erste Sieg für Porsche in der US-CART-Serie?

RICHTIGE ANTWORT: **D**

Teo Fabi gelang am 3. September 1989 der erste und einzige Sieg in der US-CART-Serie. Beim Rennen in Mid Ohio in den USA sah Fabi die Zielflagge als Erster. Das Chassis kam von March Engineering, Porsche steuerte den Antrieb bei. Der Achtzylinder-V-Motor war wassergekühlt und hatte 2649 ccm. Die Fahrer konnten 720 PS Leistung abrufen.

13

Wann ging zum ersten Mal ein Porsche in Le Mans an den Start?

RICHTIGE ANTWORT: **B**

Seit 1951 war immer mindestens ein Porsche in Le Mans mit am Start. Die erste Teilnahme 1951 endete mit einem Klassensieg und dem 20sten Gesamtplatz. Der Siegwagen war ein 356 mit einem 1,1 Liter großen Vierzylinder, den der französische Porsche-Importeur Auguste Veuillet steuerte. Er erreichte einen Schnitt von rund 140 km/h.

14

Mit welcher Rennwagenklasse war Porsche drei Mal hintereinander beim 1000-Kilometer-Rennen in Spa siegreich?

RICHTIGE ANTWORT: **C**

Mit dem Gruppe-C-Fahrzeug 956 gelang Porsche dieser Hattrick. 1982 und 1983 saßen Jacky Ickx und Jochen Mass am Steuer, 1984 fuhren Stefan Bellof und Derek Bell zum Sieg. Die Fahrer konnten anfangs auf rund 620 PS (455 kW) zurückgreifen. Nachdem Porsche die Verdichtung von 7,2 : 1 auf 8,5 : 1 angehoben hatte, stieg die Leistung auf 640 PS (470 kW).

15

Wo ging Porsche das erste Mal überhaupt bei einem Formel-2-Rennen an den Start?

RICHTIGE ANTWORT: **A**

Am 4. August 1959 fand die Formel-2-Premiere von Porsche statt. Der Große Preis von Deutschland wurde auf dem Nürburgring ausgetragen. Porsche trat mit zwei 550 an, von denen einer ausfiel und der andere mit Edgar Barth am Steuer gewann. Auch der dritte Platz ging an einen Porsche-Fahrer.

16

Welches Fahrer-Duo gewann 1956 in einem Porsche 550 die Targa Florio?

RICHTIGE ANTWORT: **D**

Huschke von Hanstein stand als Ersatzfahrer bereit, das Rennen über insgesamt zehn Runden fuhr allerdings Umberto Maglioli allein. Dank der im Vergleich zum Vorjahressieger deutlich höheren Durchschnittsgeschwindigkeit überquerte er nach fast acht Stunden als überlegener Sieger die Ziellinie.

17

Welchen Spitznamen verpassten Porsche-Ingenieure dem Rennwagen 935/78?

RICHTIGE ANTWORT: **D**

Die Form sah so prägnant aus, dass Redakteure von „auto motor und sport" den Wagen „weißer Hai" nannten. Die Ingenieure von Porsche konterten und gaben dem Rennwagen seinen Spitznamen „Moby Dick". Nach und nach übernahmen Medien und Fans diese Bezeichnung, unter der dieser 845 PS starke Porsche 935 bis heute bekannt ist.

18

Wer gewann 1979 die Deutsche Rennsportmeisterschaft in einem Porsche 935 K3?

RICHTIGE ANTWORT: **C**

Mit elf von zwölf möglichen Siegen dominierte Klaus Ludwig die Deutsche Rennsportmeisterschaft in der Saison 1979. Im selben Jahr gelang ihm zusammen mit den Brüdern Bill und Don Whittington auch der Sieg in Le Mans. Das Sechszylinder-Triebwerk leistete, mit Unterstützung eines Turboladers, 805 PS (592 kW) bei 8000/min.

19

Mit welchem Modell gelang 1970 der erste Gesamtsieg beim 24-Stunden-Rennen von Le Mans?

RICHTIGE ANTWORT: **A**

Mit dem 917 K errang Porsche 1970 den ersten Sieg in diesem legendären Langstreckenrennen. Das Fahrerduo Herrmann/Attwood gewann bei starkem Regen, obwohl sie nach der ersten Stunde nur auf Platz neun lagen. Die Startflagge durfte Ferry Porsche senken, weil Porsche zum zwanzigsten Mal in

Folge ein Werksteam in Le Mans an den Start gebracht hatte.

20

Auf welchen Komfort musste der Fahrer eines Porsche 904 verzichten?

RICHTIGE ANTWORT: **A**

Der Wagen besaß keine Sitzverstellung. Die Sitzposition ließ sich im 904 nur über die Pedale und die axial verstellbare Lenksäule anpassen. Die als Rennschalen ausgeformten Sitze waren fest im Fahrzeugboden verankert. Die Karosserie aus Kunststoff war auf einen Stahlrohrrahmen geklebt. Mit 180 PS reichten dem 650-Kilogramm-Leichtgewicht 5,5 Sekunden für den Sprint auf 100 km/h.

21

Wo gab der Porsche 914/6 GT sein internationales Renndebüt?

RICHTIGE ANTWORT: **D**

Beim 1000-km-Rennen auf dem Nürburgring bestritt der Porsche 914/6 GT am 31. Mai 1970 sein erstes Rennen. Die vier eingesetzten 914 sicherten sich in der Zwei-Liter-Klasse die Plätze zwei, drei, vier und fünf. Umfangreiche Änderungen an Fahrwerk und Motor ließen den kleinen Mittelmotorsportler auf der Rennstrecke gut mithalten.

22

Mit welchem Modell gewann Porsche 1968 das erste Mal die Rallye Monte Carlo?

RICHTIGE ANTWORT: **A**

Vic Elford und David Stone sicherten sich den Sieg bei der Rallye Monte Carlo in der abschließenden Sprintwertung mit einem orangefarbenen 911 T. Es war der erste von drei aufeinanderfolgenden Erfolgen bei dieser legendären Rallye und ein Triumph, der dem Porsche 911 viel Anerkennung einbrachte.

23

Welchen Platz belegte Porsche bei der Teamwertung nach seiner zweiten Formel-E-Saison 2020/2021?

RICHTIGE ANTWORT: **D**

Nach 15 Rennen an acht unterschiedlichen Austragungsorten beendete das TAG Heuer Porsche Formel-E-Team seine zweite Saison in der ABB FIA Formel-E-Weltmeisterschaft auf dem 8. Platz der Teamwertung. Dabei schlugen für den Porsche 99X Electric eine Pole-Position (Rennen 8 in Puebla) und zwei Podiumsplatzierungen (Rennen 4 in Rom und Rennen 6 in Valencia) zu Buche. Zwölf Rennen beendete zumindest ein Porsche 99X Electric in den Punkterängen. Bei drei Rennen holten beide Autos Zähler. In die Super Pole schaffte es bei neun Rennen zumindest ein Porsche 99X Electric, bei einem Rennen qualifizierten sich beide Autos für den Kampf um die Pole-Position. Das beste Teamergebnis erreichte Porsche beim Rennen 11 in New York City: Pascal Wehrlein belegte am Big Apple den 4., André Lotterer den 5. Platz. Übrigens: Auch Porsches erste Formel-E-Saison endete mit dem achten Platz in der Teamwertung.

24

Auf wie viele Exemplare ist der 700 PS starke 911 GT2 RS Clubsport (Typ 991/2) von 2019 limitiert?

RICHTIGE ANTWORT: **B**

Laut Porsche wollen die Kunden mit diesem 1390 Kilo leichten Auto hauptsächlich Spaß haben – und dafür bietet es alles, was gut und teuer ist: Leichtbaukarosserie in Aluminium-Stahl-Verbundbauweise, eingeschweißter Überrollkäfig, CFK-Unterboden, -Frontdeckel, -Heckdeckel, -Heckflügel, -Heckteil, -Dach und -Anbauteile. 3,8-Liter-Sechszylinder-Aluminium-Biturbo-Boxermotor mit 700 PS und 750 Nm, einstellbares Fahrwerk und Siebengang-PDK-Getriebe sind weitere Ausstattungs-Highlights.

UNTERNEHMEN

01

Für welchen Markt war die Konzeptstudie C88 vorgesehen?

RICHTIGE ANTWORT: **B**

Die Studie C88 eines Familienautos war für den chinesischen Markt konzipiert. Die viertürige Stufenhecklimousine wurde im November 1994 in Peking vorgestellt, ging allerdings nie in Serie. Den Entwurf lehnten die Verantwortlichen in China ab. Heute steht ein Modell des C88 im Porsche-Museum in Stuttgart.

02

Welches Jubiläum konnte man bei Porsche im Juli 1996 feiern?

RICHTIGE ANTWORT: **D**

Am 15.Juli 1996 lief der 1.000.000ste Porsche Sportwagen in Stuttgart-Zuffenhausen vom Band. Der Jubilar, ein 911 Carrera Coupé der Baureihe 993, ging an die Autobahnpolizei in Baden-Württemberg. Dort blieb das Coupé im Einsatz, bis es im Jahr 2002 in das Porsche Museum überführt wurde.

03

Wie alt wurde Ferry Porsche?

RICHTIGE ANTWORT: **D**

Ferry Porsche starb am 27. März 1998 im Alter von 88 Jahren in Salzburg. Kurioserweise lief nur vier Tage später auch der letzte luftgekühlte 911 vom Band. Ferry Porsche wurde in einer kleinen Kapelle neben seinem Vater im österreichischen Zell am See beigesetzt. Bis zu seinem Tod war er Ehrenvorsitzender des Aufsichtsrats der Porsche AG.

04

Wo starb Ferdinand Porsche?

RICHTIGE ANTWORT: **C**

Nach seiner Entlassung 1947 aus französischer Haft war Ferdinand Porsche gesundheitlich schwer angeschlagen. Im November 1950 erlitt er einen Schlaganfall, dem er zwei Monate später in Stuttgart erlag. Er wurde 75 Jahre alt und in Zell am See in Österreich beigesetzt. Die Führung des Unternehmens übernahm Ferry Porsche.

05

Wie hieß der Vorgänger von Wendelin Wiedeking, der nach nur zwei Jahren im Amt seinen Posten wieder räumen musste?

RICHTIGE ANTWORT: **B**

Arno Bohn wurde im Frühjahr 1990 zum Vorstandsvorsitzenden von Porsche berufen. Zuvor war er stellvertretender Vorstandsvorsitzender einer großen Computerfirma. Ihm wurde vielfach vorgeworfen, zu wenig Erfahrung in der Automobilbranche zu haben. Nachdem Porsche tief in die roten Zahlen abgerutscht war, verließ er das Unternehmen Ende 1992.

06

Ab welchem Zeitpunkt übernahm Wendelin Wiedeking das Amt des Vorstandsvorsitzenden von Porsche?

RICHTIGE ANTWORT: **C**

Wendelin Wiedeking wurde 1993 zum Vorsitzenden des Vorstands berufen, nachdem er das Amt im September 1992 zunächst nur kommissarisch als Sprecher des Vorstands übernommen hatte. Porsche schrieb zu diesem Zeitpunkt erstmals in der Firmengeschichte rote Zahlen. Durch harte Einschnitte gelang es Wiedeking, Porsche wieder profitabel zu machen.

07

Wann wurde die Dr. Ing. h.c. F. Porsche GmbH gegründet?

RICHTIGE ANTWORT: **A**

Nachdem er sich am 1. Dezember 1930 selbstständig gemacht hatte, gründete Ferdinand Porsche am 25. April 1931 die „Dr. Ing. h.c. F. Porsche GmbH, Konstruktionen und Beratungen für Motoren- und Fahrzeugbau". Erste Auftraggeber waren große Firmen wie NSU und Autounion, für die Porsche verschiedenste Entwicklungsaufträge übernahm.

08

In welchem Modelljahr tauchte das Porsche-Wappen erstmals auf?

RICHTIGE ANTWORT: **D**

Nachdem die Behörden des gerade gegründeten Bundeslandes Baden-Württemberg und der Stadt Stuttgart zugestimmt hatten, zierte erstmals Ende 1952, also im Modelljahr 1953, das Porsche-Wappen eine Lenkradnabe. Erwin Komenda, der unter anderem die Form des Käfer und des 356 entwickelt hat, verfeinerte den Ursprungsentwurf von Ferry Porsche.

09

Wie hieß die einzige Tochter von Ferdinand Porsche?

RICHTIGE ANTWORT: **D**

Louise Piëch, geborene Porsche, galt als sehr energisch. In den 1920er Jahren betätigte sie sich selbst als Rennfahrerin. 1928 heiratete sie den Rechtsanwalt Anton Piëch, mit dem sie vier Kinder hatte. Nach dem Zweiten Weltkrieg gründete sie gemeinsam mit ihrem Bruder Ferry Porsche die Porsche Konstruktions-GmbH. Bis 1971 leitete sie die Porsche Holding AG in Österreich. Sie starb im Jahr 1999.

10

Wann wurde Ferdinand Porsche geboren?

RICHTIGE ANTWORT: **C**

Ferdinand Porsche wurde am 3. September 1875 im böhmischen Maffersdorf geboren. Er war das dritte Kind von Anton und Anna Porsche. Der Vater war ein angesehener Spengler, der seinen Sohn Ferdinand gern als Nachfolger in der Firma gesehen hätte. Schon früh zeigte sich Ferdinands Talent: Mit 13 Jahren konstruierte er eine Lichtanlage im Haus seiner Eltern.

11

Wo hat das Entwicklungszentrum von Porsche, das 1971 bezogen wurde, seinen Sitz?

RICHTIGE ANTWORT: **B**

1967 begannen die Planungen, 1969 folgte der Baubeginn in Weissach, ein Ort, der knapp 25 Kilometer vom Zuffenhausener Werk entfernt liegt. Schon im Sommer 1971 zog ein Großteil der Porsche Ingenieure in das neue Forschungs- und Entwicklungszentrum um. Neben den neuen Gebäuden wurde auch eine großzügige Teststrecke zur Erprobung neuer Fahrzeuge gebaut.

12

Wann wurde Ferdinand „Ferry" Anton Ernst Porsche geboren?

RICHTIGE ANTWORT: **A**

Ferry Porsche kam am 19. September 1909 im österreichischen Wiener Neustadt zur Welt. Seine Schwester Louise war vier Jahre älter. Nach dem Ersten Weltkrieg ließ sich die Familie in Stuttgart nieder. Bei Bosch absolvierte Ferry Porsche eine Lehre, danach begann er im inzwischen gegründeten Konstruktionsbüro seines Vaters zu arbeiten.

13

Wann wurde das derzeitige Porsche Museum in Stuttgart eröffnet?

RICHTIGE ANTWORT: **D**

Nach über drei Jahren Bauzeit eröffnete das neue Porsche Museum am 31. Januar 2009. Auf rund 5000 Quadratmetern sind über 80 historische Automobile zu sehen. Unter den ausgestellten Fahrzeugen sind neben Klassikern wie dem Porsche 356 auch absolute Einzelstücke.

14

Welchen Service hat Porsche für den Standort Zuffenhausen im Oktober 2021 neu eingerichtet?

RICHTIGE ANTWORT: **C**

Bislang war für den Porsche-Standort Zuffenhausen die Berufsfeuerwehr der Stadt Stuttgart zuständig. 2021 hat Porsche 35 hauptamtliche Feuerwehrleute rekrutiert für eine eigene Werksfeuerwehr. Für sie entsteht bis 2023 auf dem Werksgelände Zuffenhausen an zentraler Stelle eine eigene Feuerwache. Damit reagiert das Unternehmen auf den massiven Ausbau des Werks Zuffenhausen in den vergangenen Jahren. Auch der verstärkte Einsatz von Hochvoltkomponenten im Zuge der zunehmenden Elektrifizierung der Modellpalette erfordert eigene Spezialisten, die in besonderem Maße vor Ort geschult werden können.

15

Wo wurden die ersten Porsche-Autos hergestellt?

RICHTIGE ANTWORT: **B**

Die ersten, noch handgefertigten Fahrzeug, entstanden im österreichischen Gmünd. Anfang der 1950er Jahre zog Porsche zurück nach Stuttgart-Zuffenhausen. Zunächst diente die Porsche-Villa als Büro, nur wenig später waren die neuen Hallen fertig. Im modernen Werk 2 waren größere Stückzahlen möglich.

16

Wo fand die Weltpremiere des Porsche GT im Jahr 2000 statt?

RICHTIGE ANTWORT: **C**

Der Porsche Carrera GT wurde im Louvre in Paris vorgestellt. Zur Serienausstattung des über 450.000 Euro teuren Supersportwagens gehörten ein Navigationssystem, Klimaanlage, Lederausstattung und sogar ein fünfteiliges Gepäckset. Inklusive einiger Vorserienfahrzeuge entstanden insgesamt rund 1280 Porsche Carrera GT in Manufaktur.

17

In welchem Jahr wurde aus der Porsche Kommanditgesellschaft (KG) eine Aktiengesellschaft?

RICHTIGE ANTWORT: **D**

1972 wurde die Porsche KG in eine Aktiengesellschaft umgewandelt. Neuer Aufsichtsratsvorsitzender wurde Ferry Porsche, für alle technischen Belange war Ernst Fuhrmann verantwortlich. Gleichzeitig wurde beschlossen, dass kein Familienmitglied mehr in einer operativen Führungsposition im Unternehmen tätig sein sollte.

18

Warum rüstete Porsche 1984 einen VW-Bus T3 mit einem 911er-Motor aus?

RICHTIGE ANTWORT: **B**

Weil die Testfahrer bei Abstimmungsfahrten für den 911 immer so lange auf ihr Begleitfahrzeug warten mussten, rüstete Porsche einen VW Bus T3 mit dem Sechszylindermotor des 911 aus. Aufgrund einiger Anfragen entstanden insgesamt 20 Exemplare, von denen allerdings nur neun in den offiziellen Handel kamen.

19

Mit welchem Motorradhersteller kooperiert Porsche seit den 1990er Jahren?

RICHTIGE ANTWORT: **D**

Mit dem US-amerikanischen Kult-Hersteller Harley-Davidson arbeitet Porsche seit 1997 enger zusammen. Für das Projekt mit dem Entwicklungsnamen „Revolution Engine" entwickelte Porsche Engineering im Jahre 2002 als Entwicklungspartner einen neuen V2-Motor für das Modell „V-Rod". Das wassergekühlte, 1131 Kubikzentimeter große Vierventil-Triebwerk mit DOHC-Technik und elektronisch geregelter Einspritzung leistete bis zu 120 PS.

20

Im November 2021 verkündete Porsche den Bau des weltweit zehnten Porsche Experience Centers. Wo wird es errichtet?

RICHTIGE ANTWORT: **C**

Kurz nach der Eröffnung der Standorte in Franciacorta und Tokio kündigt Porsche Cars Canada, Ltd. sein erstes eigenes Porsche Experience Center (PEC) an. Das künftige „Porsche Experience Centre Toronto" ist das zehnte weltweit und nach Atlanta und Los Angeles das dritte in Nordamerika. Es entsteht auf dem 20 Hektar großen Areal „Durham Live" in Pickering in der kanadischen Provinz Ontario. Auf dem Areal wird eine mehr als 400.000 Quadratmeter große Einkaufs-Welt errichtet sowie ein Casino, eine Konzerthalle und ein Luxushotel mit über 300 Zimmern. Die Eröffnung des PEC Toronto ist für 2024 geplant.

21

In wie vielen Sprachen erschien der erste Porsche Prospekt?

RICHTIGE ANTWORT: **B**

Im Spätsommer 1948 erschien der erste Prospekt in Deutsch, Englisch und Französisch. Zu sehen waren Zeichnungen des 356 Coupé und des noch nicht vorgestellten Cabriolets. Gerade der französische Markt entwickelte sich am Anfang zu einem der wichtigsten Märkte für Porsche. Die Broschüren sind heute gesuchte Sammlerstücke.

22

Welcher berühmte Schauspieler kam in einem Porsche 550 ums Leben?

RICHTIGE ANTWORT: **B**

James Dean kam am 30. September 1955 auf einer Landstraße in Kalifornien bei einem Verkehrsunfall zu Tode. Er war mit Filmen wie „... denn sie wissen nicht, was sie tun" zu einem Jugendidol geworden. Für den Porsche 550, mit dem der Unfall passierte, hatte er erst kurz zuvor seinen 356 in Zahlung gegeben.

23

Wie viel Liter e-Fuels soll die erste integrierte kommerzielle Anlage von Porsche und Siemens Energy im chilenischen Punta Arenas bei vollem Betrieb im Jahr 2026 erzeugen?

RICHTIGE ANTWORT: **D**

Zunächst entsteht eine Pilotanlage zur Herstellung von CO_2-neutralem Kraftstoff (e-Fuel), die 2022 rund 130.000 Liter e-Fuels erzeugen soll. In zwei Stufen soll die Kapazität dann bis 2024 auf rund 55 Millionen Liter und bis 2026 auf rund 550 Millionen Liter e-Fuels erweitert werden. Letztlich soll die Anlage zur Dekarbonisierung des Mobilitätssektors beitragen.

24

Wo hat die Porsche Digital GmbH ihren Hauptsitz?

RICHTIGE ANTWORT: **A**

Die 2016 gegründete Porsche Digital GmbH ist die Technologie- und Digitaleinheit von Porsche. Ihre zentrale Aufgabe ist es, neue digitale Geschäftsmodelle zu finden und zu skalieren sowie bestehende

Produkte zu optimieren. Dafür entwickelt das Tochterunternehmen der Porsche AG digitale Angebote und Dienstleistungen, konstruiert Industrielösungen und sieht sich als Katalysator für das digitale Ökosystem. Um vielversprechende Geschäftsmodelle auch außerhalb des Unternehmens zu erschließen, greift die Porsche Digital auf ein globales Netzwerk von neun Innovationszentren zurück. Die Standorte befinden sich in Palo Alto, Atlanta, Barcelona, Berlin, Zagreb, Tel Aviv, Shanghai und Peking. Der Hauptsitz ist in Ludwigsburg – knapp 20 Kilometer nördlich von Stuttgart.

25

Für welchen Hersteller übernahm Porsche Ende der 1980er Jahre die Entwicklung und Montage einer Sportlimousine?

RICHTIGE ANTWORT: C

Der Mercedes 500 E wurde 1988 bei Porsche in Auftrag gegeben und 1990 der Öffentlichkeit präsentiert. Die Leistung von 326 PS (240 kW) wurde später auf 320 PS (235 kW) reduziert, um strengeren Abgasnormen gerecht zu werden. Für Porsche kam dieser Auftrag gerade recht, befand man sich doch in einer wirtschaftlich schwierigen Phase.

26

Bei welchem Elektroautobauer hat Porsche im Jahre 2021 seine Anteile auf 24 Prozent erhöht?

RICHTIGE ANTWORT: A

Porsche hat im März 2021 seine Beteiligung an Rimac Automobili von 15 auf 24 Prozent zu erhöht. Das kroatische Unternehmen entwickelt und produziert Hightech-Komponenten für die Elektromobilität – darunter Hochleistungs-Antriebe und Batteriesysteme. Zudem stellt es elektrisch betriebene Supersportwagen her. Porsche ist 2018 als Investor bei dem jungen Technologie- und Sportwagenunternehmen eingestiegen und hat im September 2019 seine Anteile auf 15 Prozent aufgestockt. Porsche investiert nun weitere 70 Millionen Euro.

JETZT TESTEN UND MODELL-
AUTO GRATIS ERHALTEN
PORSCHE FAHRER
PORSCHE
FAHRER
TOP 10
MEIST
UNTERSCHÄTZTE
PORSCHE
www.porsche-fahrer.de
SINGER TURBO
RELOADED
50 Jahre Porsche Design
Sondermodell 992 Targa 4 GTS
356 Turbo 3000 RP
Walter Röhrls Super-
Probeabo mit 2 Ausgaben
Nur 9,90 €
Versandkostenfrei (im Inland)
Inkl. Porsche-Modellauto!
Infos zum Magazin, News aus Zuffenhausen,
Gewinnspiele und Bestellmöglichkeit
unter www.porsche-fahrer.de
ALLE 2 MONATE NEU